摩天轮

小老鼠是按照“1只、2只、3只”的顺序坐的，请剪下小老鼠纸卡，贴到合适的位置。

动物住在哪里

小松鼠等 5 只动物各住在什么颜色的房子里？住在房子的几楼？请涂上颜色，并写上楼层数。

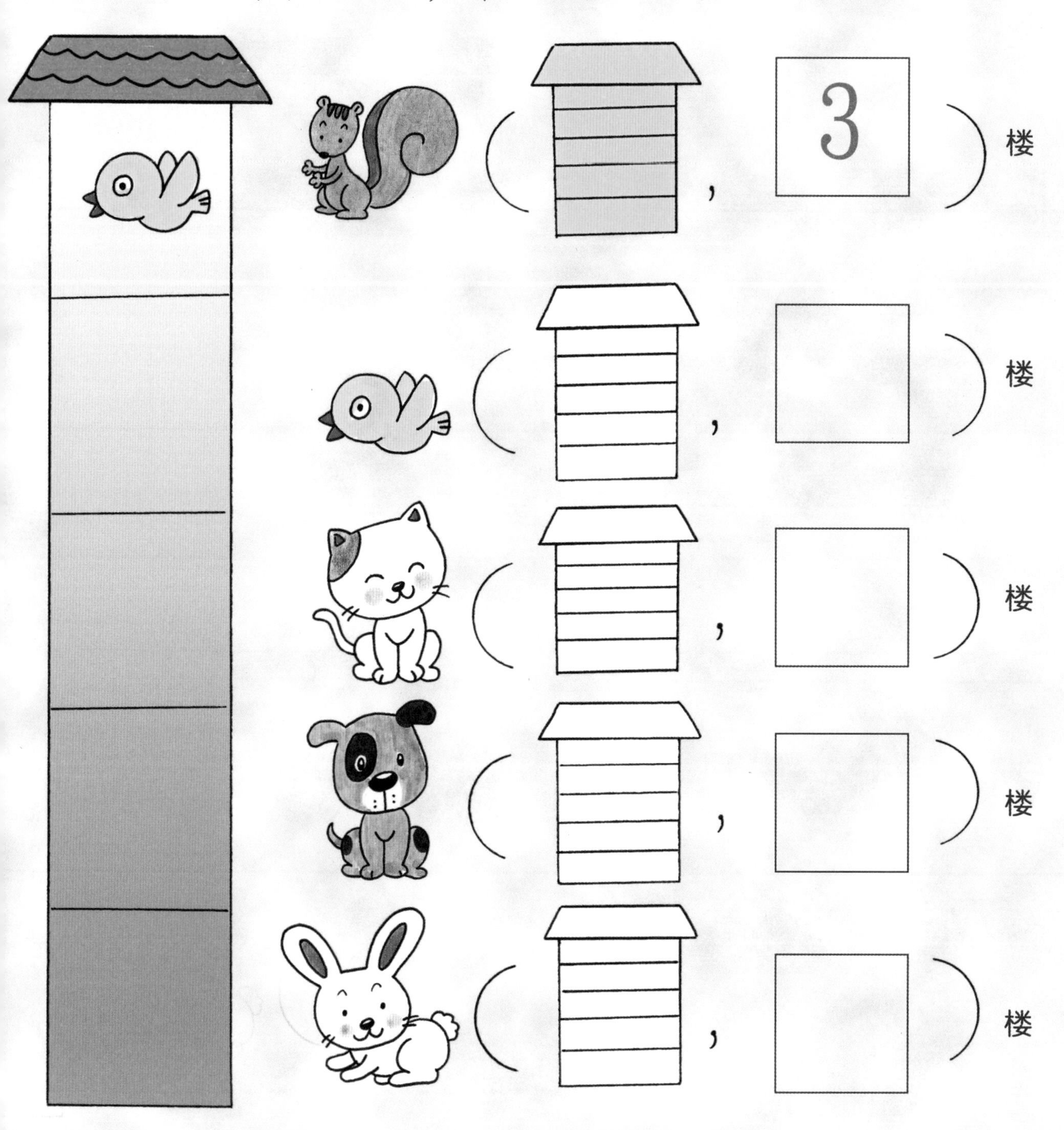

哈哈镜（一）

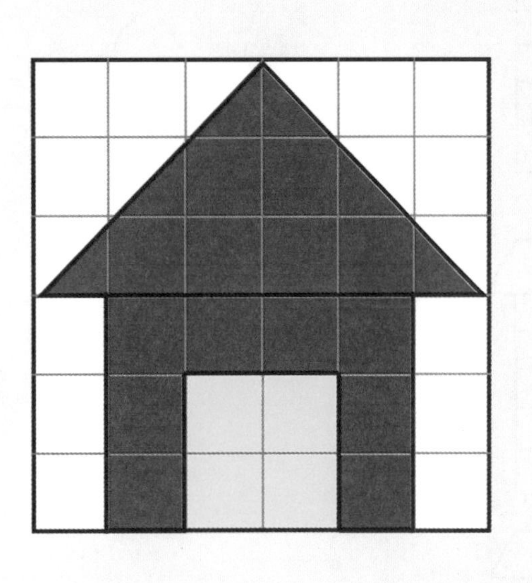

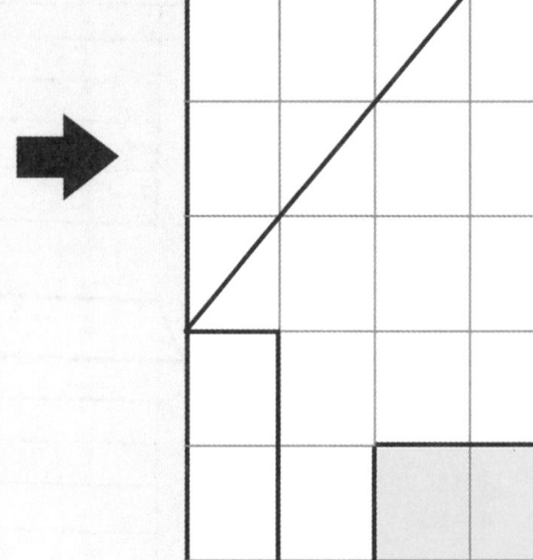

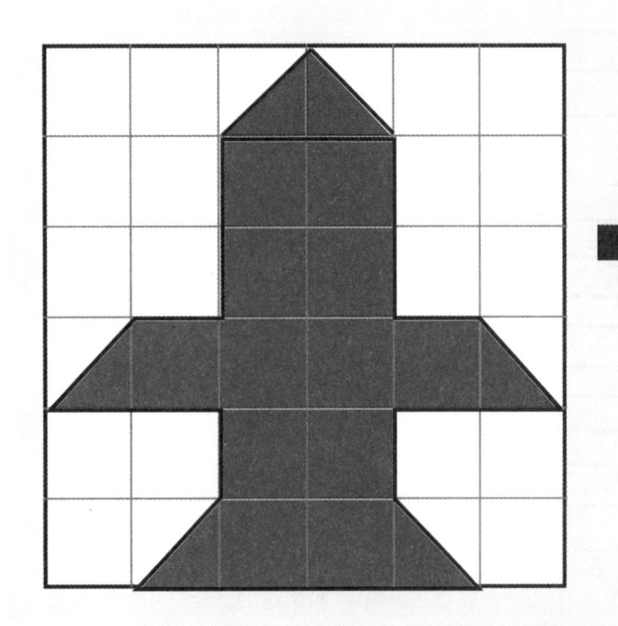

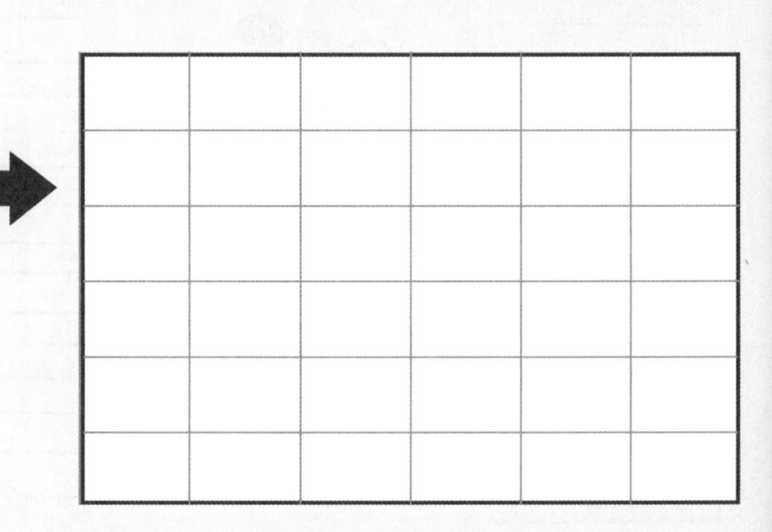

哈哈镜可以把东西变形，有的会变大、变高、变胖，有的会变小、变矮、变瘦。请按照示例图，在空白格子相对应的位置画出图形，并涂上对应的颜色。

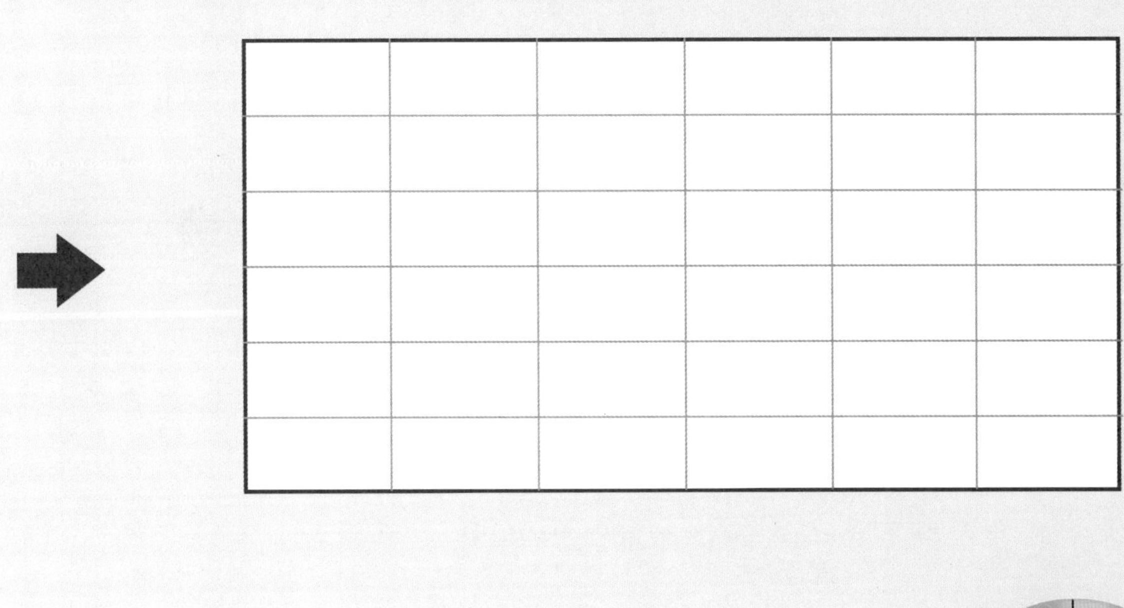

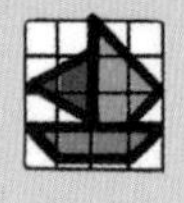 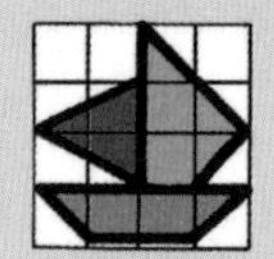 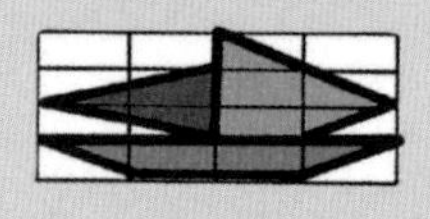 

哈哈镜（二）

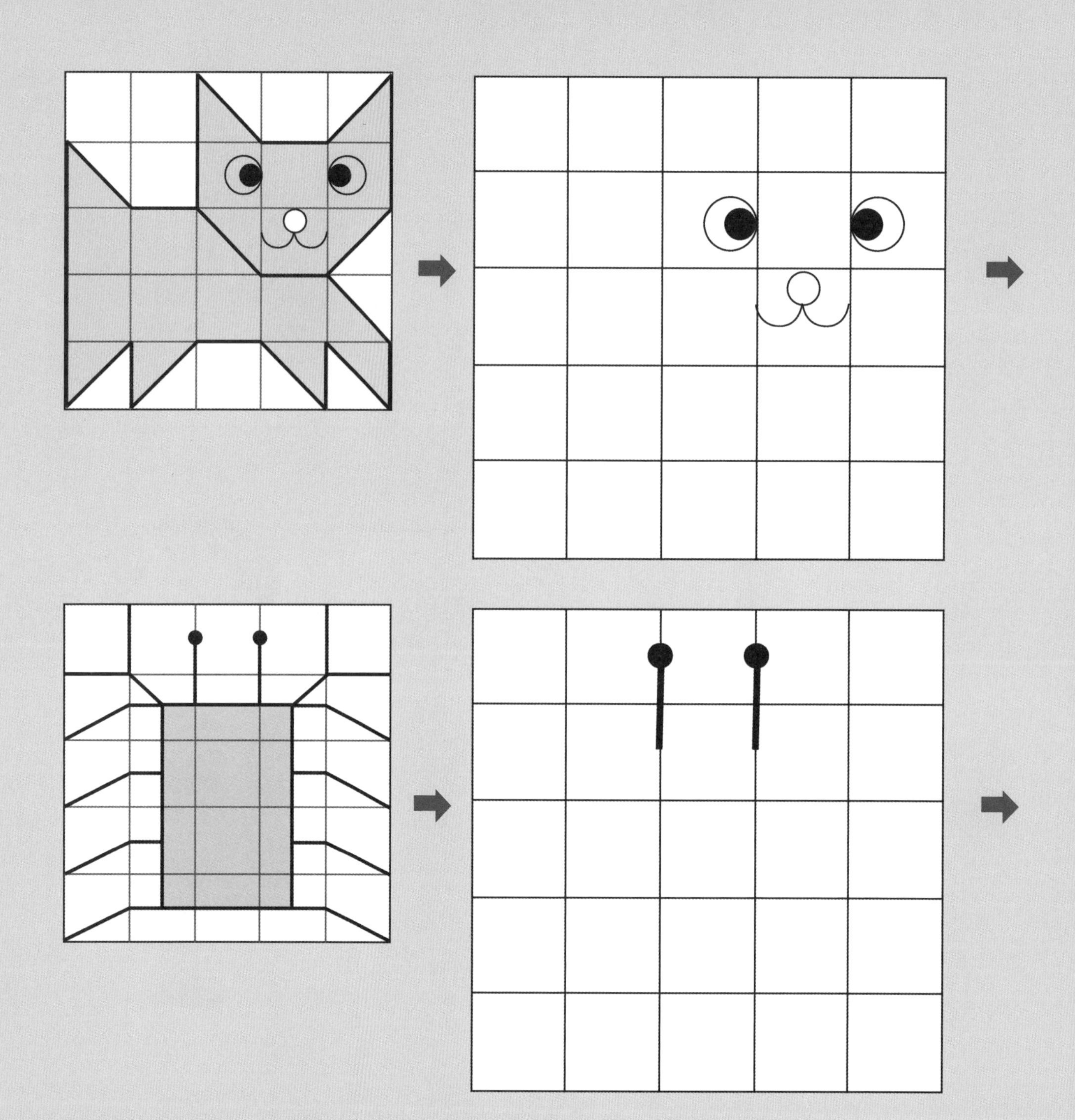

哈哈镜也能让小动物变形，这些小动物会变成什么样子呢？请按照示例图，在空白格子相对应的位置画出图形，并涂上自己喜欢的颜色。

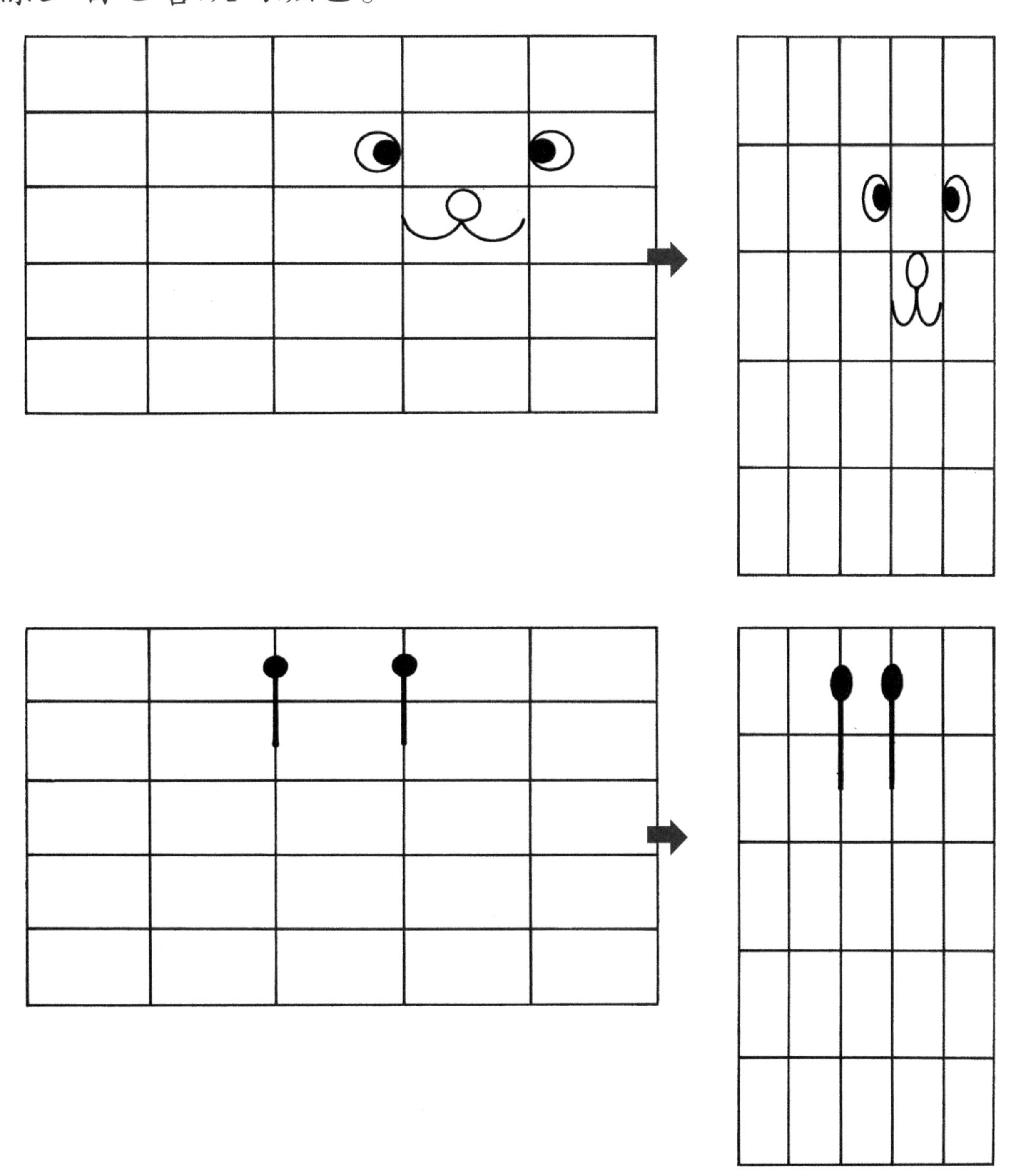

连连看

咦？是谁在跳舞呢？请把数字按顺序连起来就知道啦。

猜一猜

“空中有只鸟，要用线牵牢，风来飞得高，雨来往下掉。”请根据谜语猜一猜这是什么东西。按照1红色，2黄色，3绿色，4蓝色的标准，涂上对应的颜色就知道答案了。

好大的伞

下雨了！这里有把好大的伞，赶快躲进来吧！小朋友，请发挥创意，帮这把大伞画上美丽的图案。

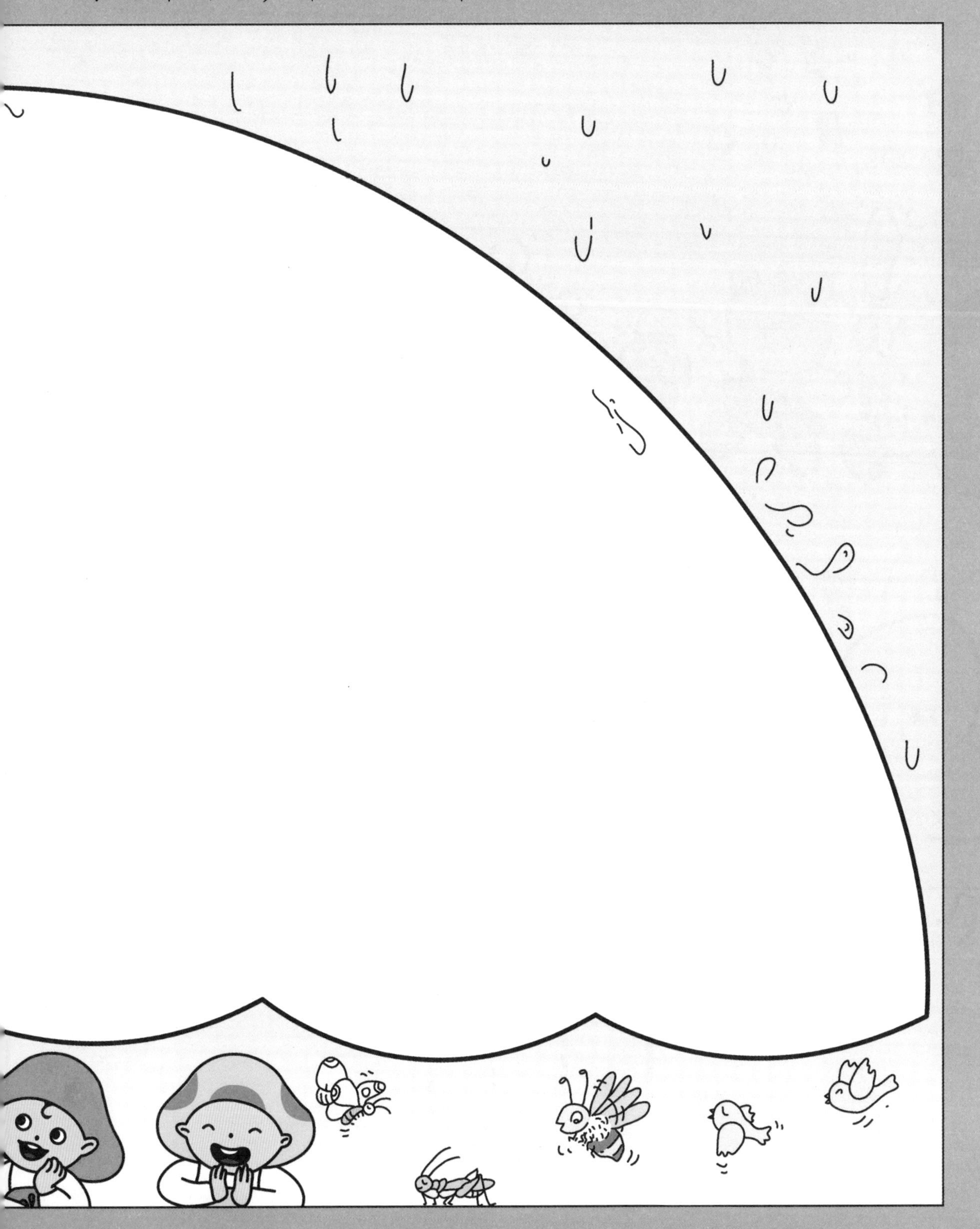

提灯笼

元宵节晚上，小熊和它的爸爸妈妈分别提着什么形状的灯笼呢？请把数字按顺序连起来看一看吧！

吃元宵

小熊一家人在吃元宵。如果每碗装2颗，那它们每个人各吃几颗？请你将元宵画上去，并写出元宵的数目。

戴帽子

小猪们准备表演节目，离我们越近的小猪，戴的帽子越大；越远的小猪，戴的帽子越小。请你仔细看一看，它们分别该戴哪顶帽子呢？请给帽子涂上和小猪衣服一样的颜色。

小画家

你会画汽车、轮船和自行车吗？请按照下面的示例画画看吧！

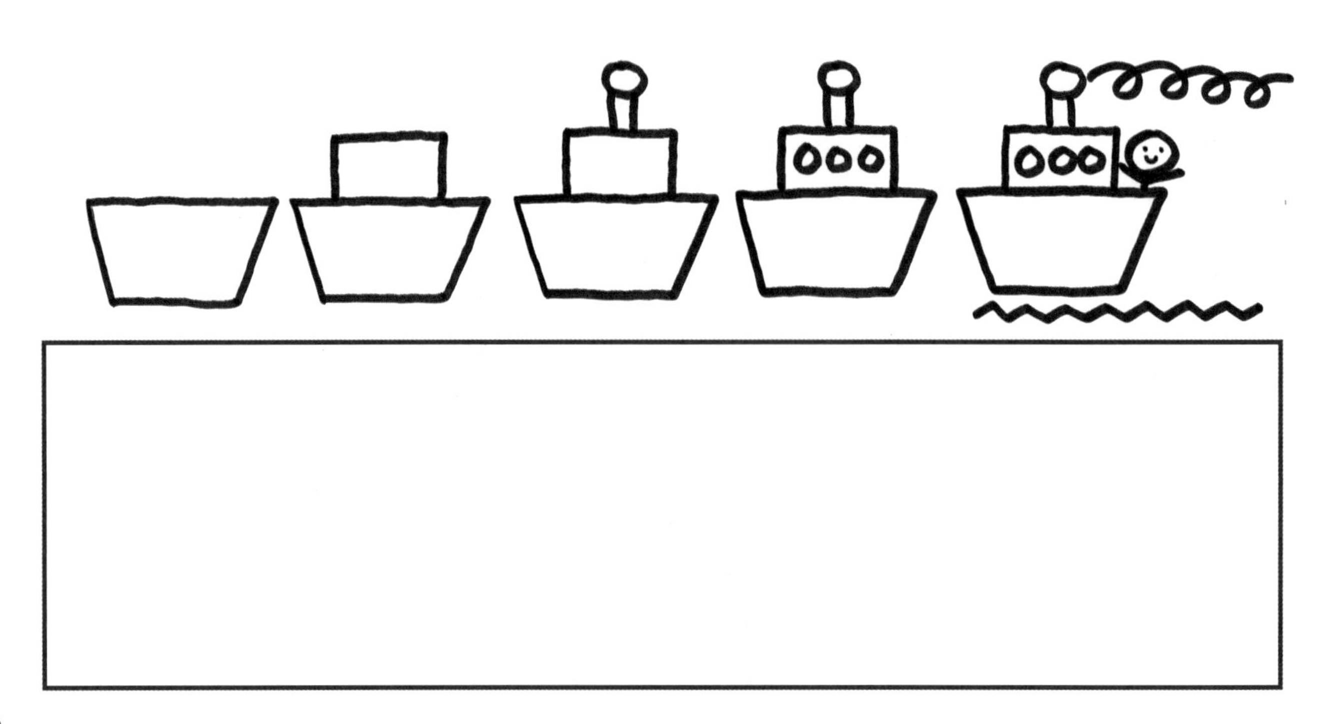

海底世界

哇！这是大海！海面上有小船，天空还挂着大太阳。小朋友们知道海平面的下方应该有哪些东西吗？

请你用彩纸撕下合适的形状，拼贴出你心目中的海底世界吧！

猴妈妈去买菜

猴妈妈带着 11 颗苹果去买菜，她先买了 2 把青菜和 2 条鱼，但剩下的苹果不够买西瓜，猴妈妈想了个方法，最后把青菜、鱼和西瓜都买到了。请看看左边的漫画和右边的说明，在最下方把猴妈妈菜篮里最终装的东西画出来。

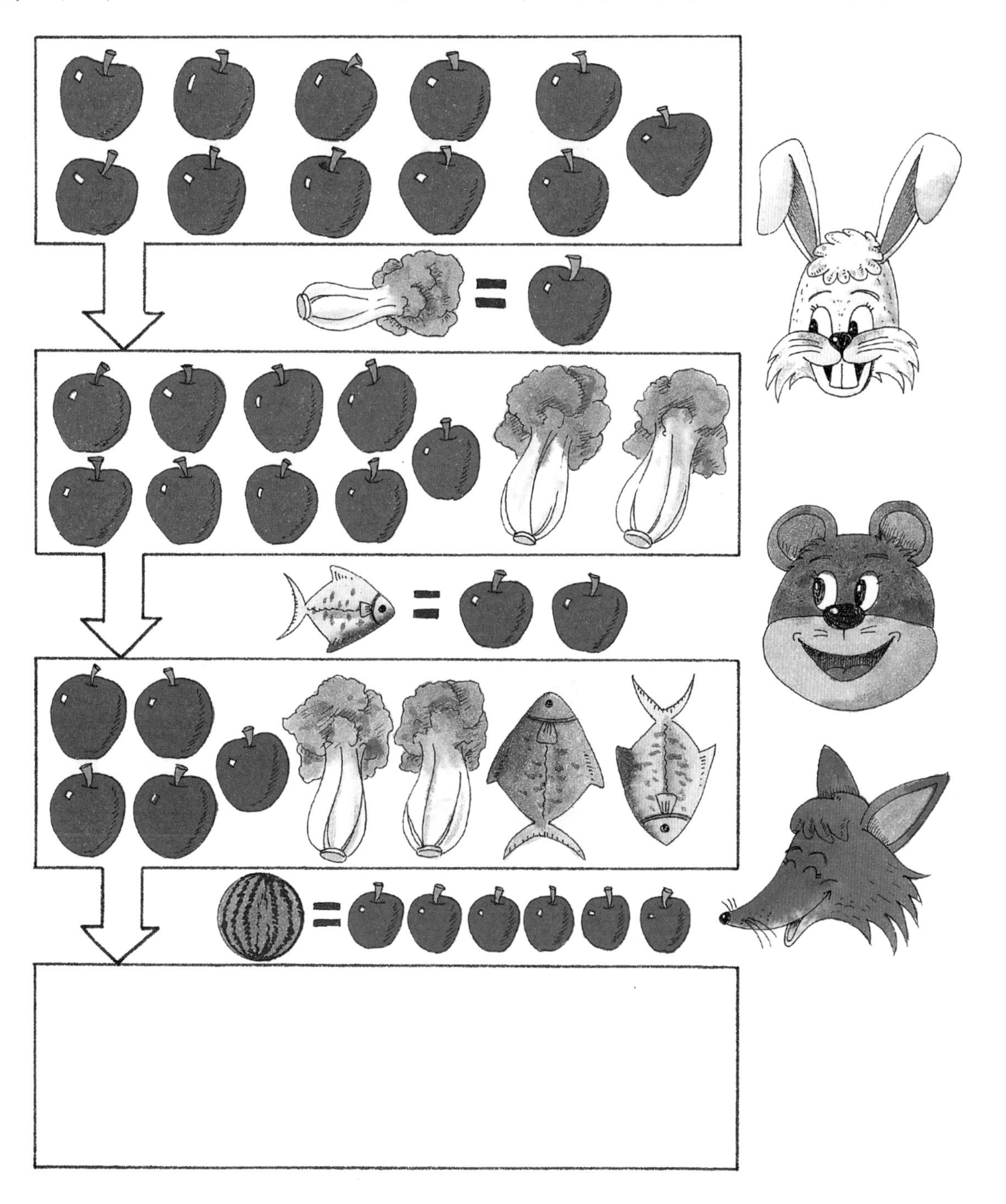

小精灵变变变

小精灵挥舞魔术棒施魔法，会把左边的人和右边的怪鸟变成什么东西呢？请沿着虚线折折看吧。

- - - - - - 外折线
- · - · - · 内折线

藏了什么

每幅图都藏了样东西，你知道是什么东西吗？请拿出铅笔，把有●的条块涂黑，就知道答案了。把你找到的东西在右下角的格子中圈出来吧！

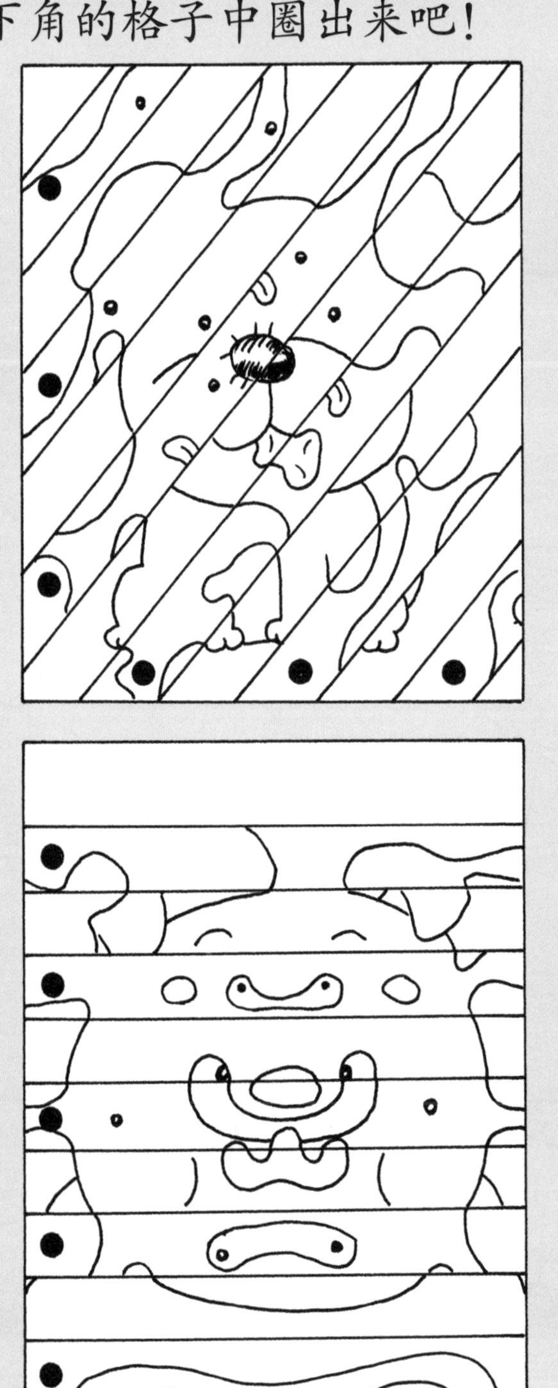

摩天轮的颜色

几只小动物坐摩天轮，请根据左边它们站着的顺序推测右边空白的摩天轮应该是什么颜色，然后来涂涂看吧。

动物吹泡泡

请把每个泡泡分别涂上红、黄、蓝的颜色，再数数每个颜色的泡泡各有几个，在下面方框中圈出正确的数字。

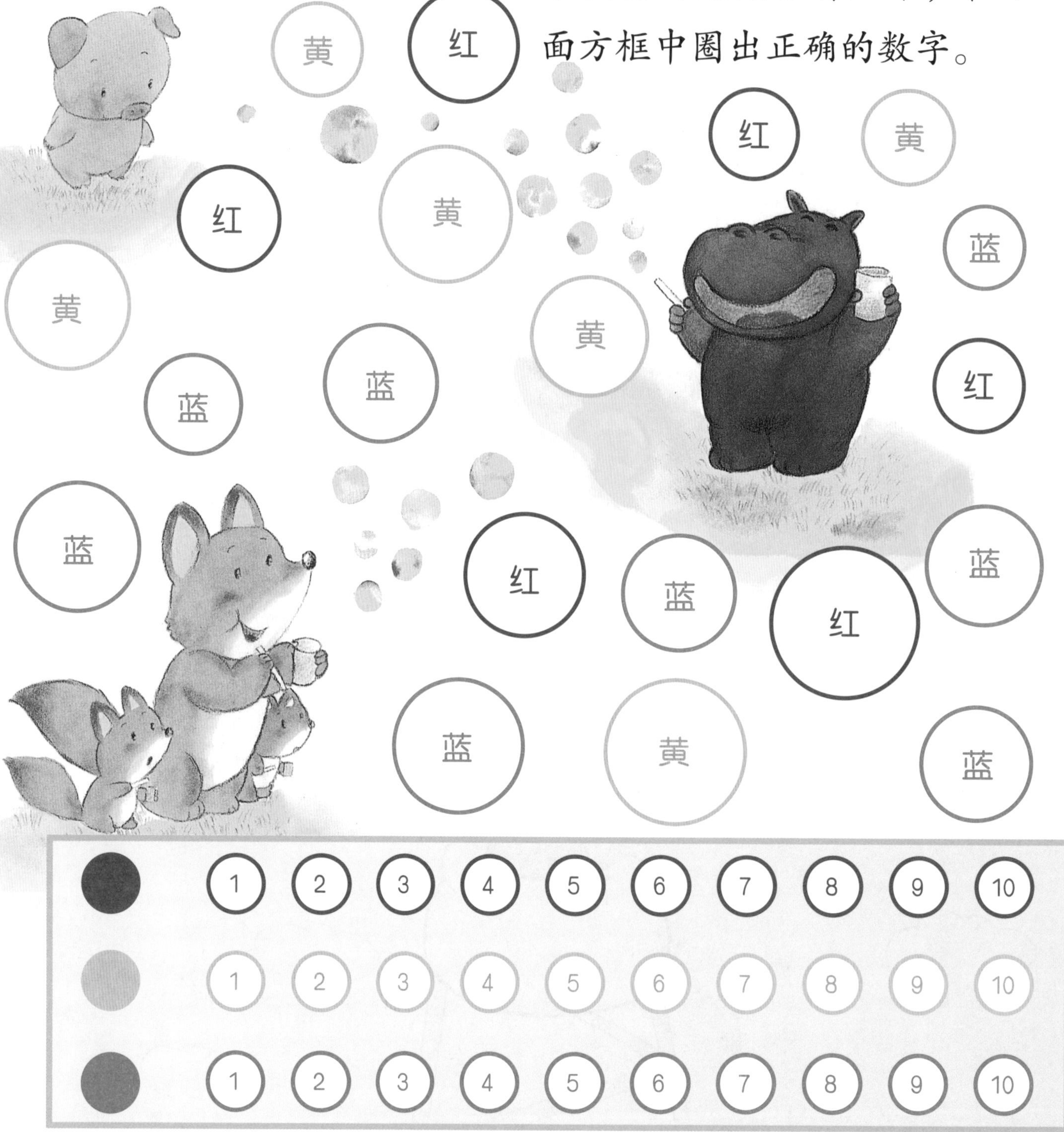

到底是什么

请利用本辑游戏卡册“篮子里的猫咪”中对应的游戏卡○○，放在每幅图的 ✕ 处，看看会变成什么东西。

手影游戏

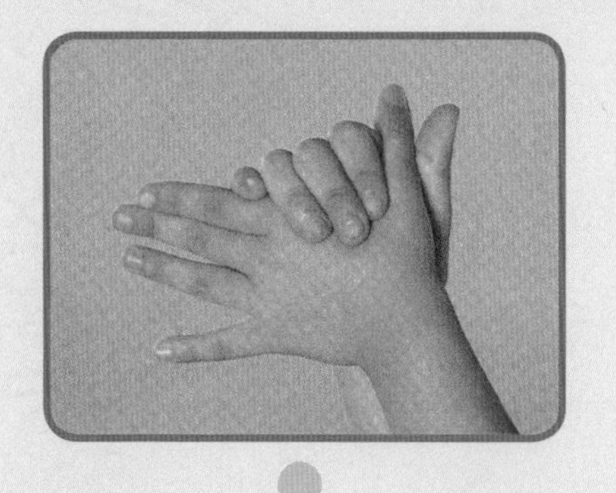
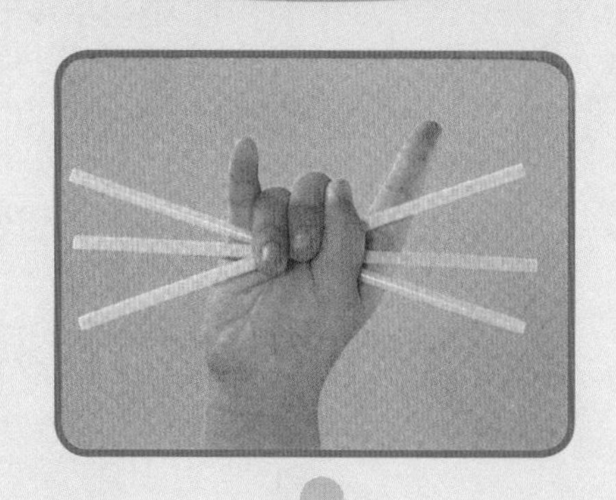
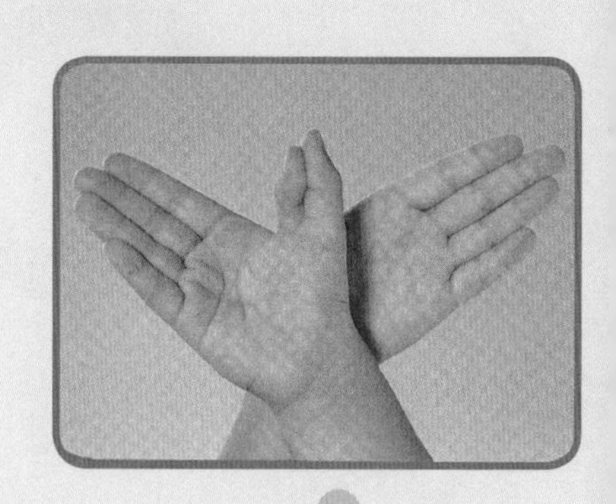

小朋友们可以看出第1排的手形，与第2排的手影、第3排的图片是对应的吗？试一试找出它们的对应关系，画线连起来吧！

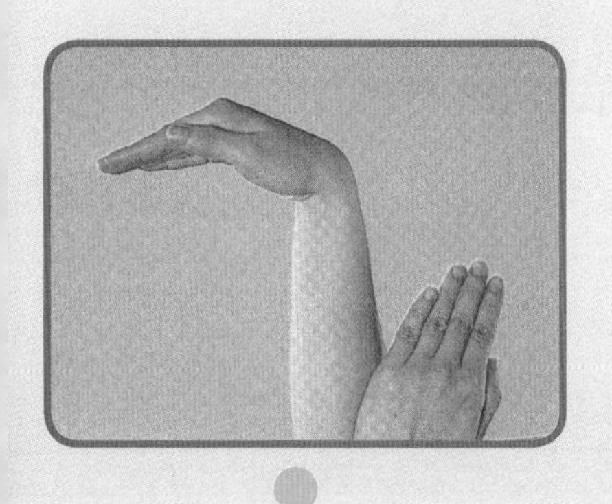
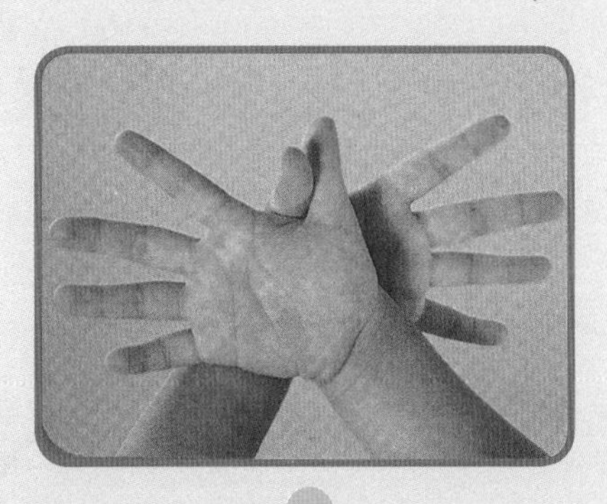

爸爸的表情

哇，好辣哟！爸爸吃到辣椒的表情是什么样子呢？小朋友们想一想、画一画吧！